DU THÉORÈME

DE M. STURM,

ET DE

SES APPLICATIONS NUMÉRIQUES,

PAR M. E. MIDY,

ANCIEN PROFESSEUR DE MATHÉMATIQUES SPÉCIALES AUX COLLÉGES DE CAHORS ET D'ORLÉANS,
PROFESSEUR AU COLLÉGE DE NANTES.

A NANTES,

Chez l'Auteur, rue Richebourg, N° 3.
Chez FOREST, Libraire, quai de la Fosse, N° 2.

A PARIS,

Chez BACHELIER, Libraire, quai des Augustins, N° 55.

—

1836.

DU

THÉORÊME DE M. STURM,

ET DE

SES APPLICATIONS NUMÉRIQUES.

NANTES, IMPRIMERIE DE FOREST,
Quai de la Fosse, N° 2.

DU THÉORÈME

DE M. STURM,

ET DE

SES APPLICATIONS NUMÉRIQUES,

PAR M. E. MIDY,

ANCIEN PROFESSEUR DE MATHÉMATIQUES SPÉCIALES AUX COLLÉGES DE CAHORS ET D'ORLÉANS,
PROFESSEUR AU COLLÉGE DE NANTES.

A NANTES,

CHEZ L'AUTEUR, RUE RICHEBOURG, N° 3 ;
CHEZ FOREST, LIBRAIRE, QUAI DE LA FOSSE, N° 2.

———

A PARIS,

CHEZ BACHELIER, LIBRAIRE, QUAI DES AUGUSTINS, N° 55.

———

1836.

AVANT-PROPOS.

On connaît à la fois et les travaux célèbres de LAGRANGE et ses efforts à peu près infructueux pour la résolution numérique des équations de tous les degrés ; je dis à peu près infructueux, car sa méthode, fondée sur la formation de l'équation aux carrés des différences, n'est guère praticable au-delà du 3ᵉ degré, et donne lieu, même pour celui-ci, à des calculs d'une excessive longueur, lorsque les coefficients de l'équation à résoudre sont des nombres un peu élevés.

Depuis ce grand géomètre, BUDAN, et, à une époque plus rapprochée de nous, l'illustre FOURIER, dont les sciences déplorent encore la perte récente, se sont de nouveau occupés de ces mêmes recherches, mais n'ont pu qu'en pallier les difficultés.

Enfin M. Sturm est venu qui nous a donné un théorême général au moyen duquel on peut, à des caractères certains, et, au premier aperçu, d'une extrême simplicité, assigner dans tous les cas combien une équation numérique d'un degré quelconque a de racines réelles et combien d'imaginaires. Cette découverte a été accueillie avec une faveur marquée et a reçu des encouragements mérités; mais peut-être s'est-on un peu exagéré son importance et son utilité.

Il faut en convenir, en France nous aimons beaucoup les théories. Nous brillons par les hautes conceptions de l'esprit, et nous dédaignons assez souvent les applications de ces vérités élevées, comme trop au-dessous de notre intelligence et de notre mérite. Nos voisins et nos rivaux dans les sciences les apprécient davantage; ils paraissent plus convaincus que nous que le but véritable de la science est l'utilité, et qu'une méthode n'a reçu toute sa perfection que lorsqu'elle est devenue d'une application facile et prompte.

C'est ce dernier caractère surtout que je m'attendais à trouver dans la méthode de M. Sturm et que j'aurais été charmé d'y rencontrer. Je ne connais pas directement le travail de M. Sturm. J'ignore s'il a publié sa méthode; mais, chargé de l'enseignement des sciences dans un Collége Royal, j'ai trouvé son théorême démontré dans l'ouvrage de MM. Mayer et Choquet, et dans celui de M. Lefebure de Fourcy. J'ai dû en faire le sujet de mes leçons. Pour le montrer aux autres, il m'a fallu l'étudier moi-même, en faire faire des applications aux élèves: c'est là que se sont montrées les difficultés. J'aurais voulu pouvoir les surmonter dans le travail auquel je me suis livré à ce sujet et que j'offre en ce moment au public. Mais, si je suis loin d'y avoir complètement réussi, je crois cependant être parvenu, en envisageant la question sous des rapports nouveaux, à rendre le principe plus évident et ses applications plus faciles.

Mon ouvrage, composé pour la jeunesse, pourra, je l'espère, n'être point inutile à ses études: c'est du moins mon désir et le but que je me suis proposé en le publiant. C'est donc à elle que je le dédie. Je serai heureux s'il peut obtenir son suffrage et en même temps celui des Professeurs comme moi chargés de l'enseignement des sciences; celui du Public savant auquel je l'adresse; enfin celui de M. Sturm lui-même.

THÉORÈME DE M. STURM,

ET DE

SES APPLICATIONS NUMÉRIQUES.

LEMME. Considérons une fonction qui ne renferme que des puissances entières d'une variable x. Nommons-là $f(x)$, et soit a une des racines réelles de l'équation

$$f(x) = o.$$

L'on a donc aussi $f(a) = o$.

Soient $b, c, d, \ldots$ etc., les autres racines réelles du polynôme $f(x)$ et soit b celle qui a avec la racine a la plus petite différence. Faisons $a - b = \pm k$, k désignant la valeur absolue de cette différence. Prenons $h < k$ et faisons croître x dans $f(x)$ d'une manière continue depuis $a - h$ jusqu'à $a + h$. Entre ces deux limites pour deux valeurs de x, l'une plus petite et l'autre plus grande que a, les deux résultats seront nécessairement de signes contraires, puisque les deux nombres substitués comprennent dans ce cas une racine de $f(x)$ et ne peuvent évidemment en comprendre qu'une seule; tandis que si les deux nombres substitués sont tous deux compris entre $a - h$ et a, ou bien entre a et $a + h$, les résultats seront de même signe, puisque dans cette hypothèse les deux nombres substitués ne comprennent aucune racine.

THÉORÈME DE STURM. Soit X un polynôme fonction de x et ne contenant que des puissances entières de cette variable. Soit X_1 son dérivé. Supposons que X n'ait point de racines égales. On sait qu'alors X et X_1 n'ont point de facteur commun en x, ou qu'ils sont premiers entre eux. Donc, si on cherche leur plus grand commun diviseur par le procédé ordinaire, on sera conduit à un reste numérique. Supposons qu'après chaque division on ait changé le signe du reste. Ce changement de signe dans le reste pris pour diviseur ne peut changer que le signe du quotient correspondant, sans altérer ni le signe, ni la valeur du reste suivant. Soient $X_2, X_3, X_4 \ldots X_{n-1}, X_n, X_{n+1} \ldots X_{r-2}, X_{r-1}, X_r$, les restes suc-

3

cessifs ainsi modifiés. Le dernier sera un nombre et la série des opérations effectuées sera représentée par les équations suivantes :

$$X = X_1 \, Q_1 \; - X_2$$
$$X_1 = X_2 \, Q_2 \; - X_3$$
$$X_2 = X_3 \, Q_3 \; - X_4$$
$$\cdots\cdots\cdots\cdots\cdots\cdots$$
$$\cdots\cdots\cdots\cdots\cdots\cdots \qquad (A)$$
$$X_{n-1} = X_n \, Q_n \qquad - X_{n+1}$$
$$\cdots\cdots\cdots\cdots\cdots\cdots$$
$$\cdots\cdots\cdots\cdots\cdots\cdots$$
$$X_{r-2} = X_{r-1} Q_{r-1} - X_r$$

Maintenant pour abréger désignons dans ce qui suit par suite X la série des polynômes X, X_1, X_2, etc. , depuis le premier jusqu'au dernier inclusivement, et par suite X_1 celle qui est formée des mêmes polynômes à partir du second. Si, dans la première , on substitue successivement à x, d'abord un premier nombre, qui donnera une certaine succession de signes dans les résultats , puis ensuite un second nombre plus grand et donnant en général une autre succession de signes dans les résultats que le premier , alors autant il y aura de variations de moins dans la seconde suite de signes que dans la première, autant il y aura de racines du polynôme X comprises entre les deux nombres substitués.

Tel est le théorème important qu'on doit à M. STURM, et dont la démonstration va d'abord nous occuper.

1. Soit $\alpha < \beta$ et concevons que dans toutes les fonctions de la suite X on ait fait croître x en même temps d'une manière continue depuis le premier de ces nombres jusques au second. Cherchons la nature des changements qui doivent s'opérer dans la succession des signes donnés par ces substitutions. D'abord, si α et β n'interceptent aucune racine, non seulement de la fonction X, mais encore de toutes celles qui la suivent, alors , comme on le sait, les derniers résultats seront tous de même signe que les premiers. Le nombre des variations et celui des permanences seront donc les mêmes dans le second cas que dans le premier.

Supposons maintenant que α et β interceptent une seule racine d'une des fonctions intermédiaires, de la fonction X_n, par exemple. Soit a cette racine. Je dis qu'elle ne peut appartenir à aucun des deux polynômes X_{n-1} et X_{n+1}, dont le premier précède et dont le second suit immédiatement le polynôme X_n.

Car les équations (A) font voir que si cela était, toutes les fonctions de la suite X seraient nulles, depuis la première jusqu'à la dernière. Or celle-ci, par hypothèse, est un nombre et ce nombre serait égal à zéro, ce qui est absurde. D'ailleurs les fonctions X et X_1 étant nulles auraient une racine commune et par suite un diviseur commun. D'où il faudrait conclure alors que X aurait des racines égales, ce qui est contre l'hypothèse. Donc, ni X_{n-1}, ni X_{n+1} ne peut être nul en même temps que X_n. Alors la substitution de a au lieu de x réduit l'équation intermédiaire

$$X_{n-1} = X_n \, Q_n - X_{n+1}$$

à celle ci

$$X_{n-1} = - X_{n+1}$$

Cela posé, soit h une quantité moindre que la plus petite des différences qui existent entre la racine a du polynôme X_n et toutes les autres racines, tant du même polynôme que des deux polynômes X_{n-1}, X_{n+1}, et concevons que dans les trois fonctions X_{n-1}, X_n, X_{n+1} l'on ait fait croître x depuis $a - h$, jusqu'à $a + h$, je dis que ces fonctions donneront pour leurs signes les résultats suivants :

Nombres substitués.	X_{n-1}	X_n	X_{n+1}
$a - h$	$\pm$	—	$\mp$
a	$\pm$	0	$\mp$
$a + h$	$\pm$	+	$\mp$

Ou ceux-ci :

Nombres substitués.	X_{n-1}	X_n	X_{n+1}
$a - h$	$\pm$	+	$\mp$
a	$\pm$	0	$\mp$
$a + h$	$\pm$	—	$\mp$

En effet nous venons de démontrer que, quand X_n est zéro, les deux fonctions X_{n-1}, X_{n+1} sont de signes contraires. De plus $a - h$ et $a + h$ n'interceptent qu'une seule racine a du polynôme X_n. Donc pour tous les nombres substitués à x dans cette fonction depuis $a - h$ jusqu'à a, les résultats seront constamment de même signe, et depuis a jusqu'à $a + h$ d'un signe contraire au précédent. Quant aux fonctions X_{n-1} et X_{n+1}, puisque les deux nombres substitués n'interceptent aucune de leurs racines, les résultats seront toujours de même signe dans chacun d'eux.

Concluons de là que, lorsqu'en faisant croître x d'une manière continue, l'une des fonctions intermédiaires devient nulle ; en cet instant, une permanence disparaît dans la suite des signes et qu'immédiatement avant et après cette valeur de x, cette fonction donne toujours avec les deux qui la précèdent et la suivent immédiatement, mais dans un ordre inverse, une permanence et une variation, ou bien une variation et une permanence.

Une conséquence importante de ce principe, c'est que, pourvu que les deux nombres substitués α et β n'interceptent aucune racine du polynôme X_1, le nombre des variations de la suite X_1 ne peut changer dans l'intervalle de ces deux substitutions. Il n'y a que l'ordre et la succession des permanences et des variations qui puissent être différents.

2. Soit maintenant $X = fx$ et désignons suivant l'usage par $f'\,x$, $f''\,x$, $f'''\,x$, etc., les dérivées successives de la fonction fx. Alors, quelque soit h, l'on aura

$$f(x - h) = fx - f'\,x \cdot h + \frac{f''\,x}{1 \cdot 2} \cdot h^2 \ - \text{etc.}$$
$$f(x + h) = fx + f'\,x \cdot h + \frac{f''\,x}{1 \cdot 2} \cdot h^2 \ + \text{etc.} \qquad (B)$$

Soit a une racine réelle de X_1 ou de fx, et supposons que l'on ait pris h moindre que la plus petite des différences entre cette racine et les autres racines, tant du polynôme X que du polynôme X_1. Appelons k cette plus petite différence et substituons a au lieu de x dans les équations (B). Alors X et X_1, ou bien, ce qui est la même chose, $f\,x$ et $f'\,x$ n'ayant par hypothèse aucune racine commune, l'on aura

$$fx = o \ \text{et} \ f'\,a \gtrless o.$$

Dans ce cas les équations (B) deviendront

$$f(a - h) = -f'\,a \cdot h + \frac{f''\,a}{1 \cdot 2}\,h^2 - \text{etc.}$$
$$f(a + h) = f'\,a \cdot h + \frac{f''\,a}{1 \cdot 2}\,h^2 + \text{etc.} \qquad (C)$$

Et comme on peut prendre h, non-seulement moindre que k, mais encore aussi peu différente de zéro que l'on voudra, on pourra toujours, en prenant cette quantité suffisamment petite, faire en sorte que le signe du second membre de chacune des équations (C) soit celui de son premier terme. Alors $f(a + h)$ aura nécessairement le même signe que $f'a$, et $f(a - h)$ un signe contraire. Mais d'ailleurs, puisque par suite de notre hypothèse $a + h$ et $a - h$ n'interceptent aucune racine de $f'x$, les trois quantités $f'(a-h)$, $f'(a)$, $f'(a+h)$ sont de même signe. D'où il faut conclure que $f(a+h)$ et $f'(a+h)$ seront nécessairement de même signe ; au lieu que $f(a-h)$ et $f'(a-h)$ seront de signes contraires. Mais fx et $f'x$ sont la même chose que X et X_1. Donc, si l'on fait croître x d'une manière continue depuis $a-h$ jusqu'à $a+h$, la succession des signes dans ces deux polynômes sera représentée par ce tableau

Nombres substitués.	X.	X_1
$a-h$	$+$	$-$
a	0	$-$
$a+h$	$-$	$-$

ou par celui-ci

Nombres substitués.	X	X_1
$a-h$	$-$	$+$
a	0	$+$
$a+h$	$+$	$+$

Soit b la racine du polynôme X immédiatement au-dessus de la racine a, et soit de même l une quantité moindre que la plus petite des différences entre cette racine et toutes celles tant du polynôme X que du polynôme X_1 ; alors, puisqu'il n'y aura aucune racine de X comprise entre a et b, et que par conséquent pour toutes les valeurs comprises entre a et b le polynôme X ne peut changer de signe, concluons que si les signes précédemment obtenus sont ceux du 1er tableau, l'on aura en prenant h moindre que l et de plus suffisamment petit

Nombres substitués.	X	X_1
$b-h$	$-$	$+$
b	0	$+$
$b+h$	$+$	$+$

4

Et que, si ce sont ceux indiqués par le second tableau, l'on aura

Nombres substitués.	X	X_1
$b - h$	+	—
b	0	—
$b + h$	—	—

En réunissant les deux tableaux en un seul, on formera

celui-ci   ou cet autre

Nombres substitués.	X	X_1
$a - h$	+	—
a	0	—
$a + h$	—	—
"	"	"
$b - h$	—	+
b	0	+
$b + h$	+	+

Nombres substitués.	X	X_1
$a - h$	—	+
a	0	+
$a + h$	+	+
"	"	"
$b - h$	+	—
b	0	—
$b + h$	—	—

Ils font voir l'un et l'autre que dans l'intervalle de a à b le polynôme X_1 change au moins une fois de signe. Il y a donc toujours nécessairement au moins une racine réelle de ce second polynôme comprise entre deux racines consécutives du premier.

3. Soit considéré maintenant un polynôme X du degré pair $2n$. Alors ses racines sont aussi en nombre pair. Supposons, pour fixer les idées, qu'elles soient seulement au nombre de 6. Alors $2n$ sera au moins égal à 6. Désignons ces racines dans l'ordre de leur grandeur croissante par r_1, r_2, r_3, r_4, r_5, r_6. Supposons que x croisse d'une manière continue depuis — ∞ jusqu'à + ∞. Nommons α_1 et β_1 deux nombres, l'un plus petit, l'autre plus grand que r_1 et assez peu différents pour ne comprendre que cette seule racine ; soient de même α_2 et β_2 deux nombres qui ne comprennent que la seule racine r_2, et ainsi de suite. Je dis que si l'on substitue à x dans les fonctions qui forment la suite X tous les nombres compris

entre les deux limites α_1 et β_6, les signes des résultats donneront lieu au tableau suivant : (*Voyez à la fin le Tableau,* A.)

Voyons d'après quels principes il est formé. D'abord, puisque le polynôme X est d'un degré pair $2n$, et que son premier terme d'ailleurs a le signe $+$, en y substituant $-\infty$ à x, le résultat a nécessairement le signe $+$. Donc, la substitution de α_1 dans le même polynôme doit encore donner le même signe $+$, puisque sans cela il y aurait au moins une racine du même polynôme comprise entre $-\infty$ et α_1 : ce qui ne saurait être, puisque par hypothèse α_1 est moindre que la plus petite racine r_1. D'ailleurs, puisqu'il y a 6 racines réelles dans l'intervalle de α_1 à β_6, le polynôme X passera 6 fois par la valeur zéro, en devenant alternativement positif et négatif. La succession des signes pris tour à tour par le polynôme X sera donc celle indiquée par le tableau.

Passons maintenant à l'examen de la seconde colonne qui indique toutes les variations de signe que peut éprouver la fonction X_1. Nous avons démontré précédemment que dans l'intervalle de deux racines consécutives du polynôme X, le polynôme X_1 devait nécessairement changer de signe; donc, entre deux racines consécutives du premier, il y en a toujours au moins une du second, et il ne peut y en avoir qu'un nombre impair. Donc, entre α_1 et β_6 le polynôme X_1 offrira tous les changements de signe indiqués dans la colonne X_1. Donc, le polynôme X_1 a au moins 5 racines réelles.

4. Puisque β_1 et α_2, substitués dans X_1, ont donné, le premier, un résultat négatif, et le second, un résultat positif, il y a donc une racine réelle de ce polynôme comprise entre ces deux nombres. Soit γ_1 cette racine. Alors, puisque $X_1 = 0$, à cause de la première des équations A,

$$X = X_1 \, Q_1 - X_2.$$

Les deux polynômes X et X_2 donneront pour $x = \gamma_1$ des résultats de signes contraires. Mais le premier est négatif, puisque γ_1 est compris entre β_1 et α_2. Donc X_2 est positif. On verrait de même qu'en nommant γ_2 la racine de X_1 comprise entre β_2 et α_3, le polynôme X_2 pour cette valeur γ_2 de x sera négatif. Il y aura donc toujours au moins une racine de X_2 comprise entre γ_1 et γ_2. Donc, deux racines réelles consécutives de X_1 en comprennent toujours au moins une du polynôme X_2. Ces raisonnements s'étendront sans peine aux fonctions qui suivent X_2. Ainsi, le polynôme X_1 dans le cas actuel n'a pas moins de 5 racines réelles ; le polynôme X_2 n'en a pas moins de 4 ; le polynôme X_3 n'en a pas moins de 3, et ainsi de suite, et les fonctions successives de la suite X offriront par la substitution au lieu de x de tous les nombres compris entre σ_1 et β_6, la série de signes indiquée par le tableau.

Remarquons toutefois que pour toutes les valeurs de x comprises entre α_1 et β_1, et pour toutes celles comprises entre α_6 et β_6 le signe de X_2 reste indécis. Qu'il l'est aussi pour X_3 lorsque les valeurs de x sont comprises entre α_1 et α_2, ou entre β_4 et β_6 et pour X_4, lorsqu'elles sont comprises entre α_1 et β_2, ou entre α_4 et β_6 et ainsi de suite.

5. Ces principes posés, rappelons-nous que, chaque fois qu'une des fonctions inter-médiaires devient nulle, une permanence s'anéantit dans la suite des signes des résultats, pour reparaître immédiatement après, avec cette différence essentielle que la variation et la permanence se succèdent dans un ordre inverse du précédent; de sorte que la variation a pris la place de la permanence, et la permanence celle de la variation. Il nous sera facile, après cela, au moyen du tableau A, de démontrer le théorême annoncé.

Car d'abord de α_1 à β_1 dans la suite X la première variation donnée par les fonctions X et X_1 s'est changée en permanence. D'ailleurs, puisque le signe de X_1 n'a pas changé, le nombre des variations de la suite X_1 est resté le même. Donc, si p est le nombre des variations de la suite X pour σ_1, il ne sera plus que $p - 1$ pour β_1. De β_1 à α_2 la suite X_1 perd une variation, la première. Elle n'en a plus que $p - 2$. Mais la suite X en acquiert une sur la gauche. La suite X en a donc encore le même nombre $p - 1$. Mais de α_2 à β_2, la suite X en perd une, tandis que la suite X_1 n'en perd aucune. Elles en ont donc chacune $p - 2$. De β_2 à α_3 la suite X_1 perd une variation et n'en a plus que $p - 3$. La suite X en a encore $p - 2$. Mais de α_3 à β_3 la suite X perd une variation, et la suite X_1 n'en perd pas.

Donc chacune n'en a plus que $p - 3$. On prouverait de même que, parvenues à β_4, elles n'en ont plus que $p - 4$, et ainsi de suite; enfin que, parvenues à β_6, elles n'en ont plus que $p - 6$. Donc, de σ_1 à β_6, la suite X a perdu un nombre de variations précisément égal à celui des racines réelles comprises entre ces deux nombres. Le théorême est donc démontré pour toute équation d'un degré pair.

6. Supposons que le polynôme X n'ait que des racines réelles. Alors, on a $2n = 6$, ou le polynôme X dans cette hypothèse est du 6e degré. Donc, le polynôme X_1 est du 5e; le polynôme X_2 du 4e, et ainsi de suite. Puisque le polynôme X_1 est du 5e degré, il ne peut avoir plus de cinq racines réelles. Il ne peut donc passer plus de 5 fois par zéro, ou changer plus de cinq fois de signe; il ne pourra donc donner que les variations de signe indiquées dans la colonne X du tableau. De même le polynôme du 4e degré X_2 ne pourra passer plus de 4 fois

par zéro, ou ne pourra pas éprouver d'autres changements de signe que ceux indiqués dans la colonne X_2 et ainsi de suite. Donc la suite X offrira pour les substitutions α_1 et β_6 les résultats suivants :

Nombres substitués.	X	X_1	X_2	X_3	X_4	X_5	X_6
α_1	+	—	+	—	+	—	+
β_6	+	+	+	+	+	+	+

Or $-\infty$ et $+\infty$ comprennent tous les nombres. Donc, aussi on aura

Nombres substitués.	X	X_1	X_2	X_3	X_4	X_5	X_6
$-\infty$	+	—	+	—	+	—	+
$+\infty$	+	+	+	+	+	+	+

Or le signe que prend un polynôme de degré pair quand on y fait $x = \pm\infty$ est celui de son premier terme. Donc pour qu'un polynôme d'un degré pair quelconque ait toutes ses racines réelles, il faut et il suffit que le premier terme de chacune des fonctions de la suite de X ait le signe $+$ et alors aucune d'elles ne saurait avoir des racines imaginaires.

7. Si le polynôme X du degré $2n$ n'a que des racines imaginaires, il sera constamment positif, quelque valeur qu'on donne à x, et le tableau suivant

X	X_1	X_2
$2n$	$2n-1$	$2n-2$
+	"	
+	—	—
+	0	—
+	+	—
"	"	"
+	+	—
+	0	—
+	—	—

fait voir que quelque soit alors le nombre de fois que X_1 devienne zéro, ou que quelque soit le nombre des racines réelles de X_1, la suite X conservera toujours le même nombre de variations, ou n'en pourra perdre aucune.

Le polynôme X_1 étant alors d'un degré impair en y substituant successivement à $x — \infty$ et $+\infty$, il doit nécessairement changer de signe. Donc il a nécessairement un nombre impair de racines réelles. D'ailleurs rien ne prouve que le polynôme X_2 n'ait point dans ce cas de racines réelles, ainsi que les autres polynômes d'un degré pair qui suivent.

8. On démontrerait de même que si l'une quelconque des fonctions suivantes de degré pair n'avait point de racines réelles, le nombre des variations deviendrait fixe à partir ce cette fonction. On pourra donc, dans la recherche du nombre des racines réelles, supprimer cette fonction, ainsi que toutes celles qui la suivent, et ne considérer que celles qui la précèdent.

9. Supposons actuellement que le polynôme X soit d'un degré impair. Désignons ce degré par $2n+1$. Le premier terme de ce polynôme ayant le signe $+$, la substitution de $— \infty$ au lieu de x, donnera nécessairement un résultat négatif. D'ailleurs, puisqu'il n'y a aucune racine comprise entre $— \infty$ et α_1, ces deux nombres doivent donner des résultats de même signe; donc, le résultat de la substitution de α_1 sera encore négatif. Pour fixer nos idées, supposons encore ici que le nombre des racines réelles du polynôme X soit égal à 3. Nommons-les comme précédemment dans l'ordre de leurs grandeurs croissantes r_1, r_2, r_3, et donnons aux quantités α_1 et β_1, α_2 et β_2, α_3 et β_3 le même sens que ci-dessus. Alors, en appliquant au tableau (B) les raisonnements que nous venons de faire pour le tableau (A) les conséquences seront les mêmes. Ainsi deux racines réelles consécutives de X en comprendront toujours au moins une de X_1; deux de X_1 en comprendront au moins une de X_2, et ainsi de suite. De α_1 à β_3 la suite X perdra nécessairement trois variations, ou autant qu'il y a de racines réelles comprises entre ces deux nombres, et si le polynôme X n'était que du 3e degré, alors les polynômes X_1, X_2 auraient toutes leurs racines réelles, et le tableau (B) offrirait alors toutes les variations de signe que les polynômes X, X_1, X_2, X_3 pourraient éprouver.

Alors on aurait, pour α_1 et β_3, les résultats suivants :

Nombres substitués.	X	X_1	X_2	X_3
α_1	—	+	—	+
β_3	+	+	+	+

Or — ∞ et + ∞ comprennent les nombres ϱ_1 et r_3, et doivent donner encore en les substituant à x les mêmes signes que nous venons d'obtenir.

On voit donc encore que pour qu'un polynôme d'un degré impair ait toutes ses racines réelles, il faut et il suffit que le premier terme de chacune des fonctions de la suite X soit positif. Le théorême de M. STURM est donc maintenant démontré pour un degré quelconque.

10. Considérons dans la suite X deux fonctions toutes deux de degré pair et consécutives, la première du degré $2p$, je suppose; et la seconde du degré $2p - 2$. La fonction intermédiaire sera alors d'un degré impair $2p - 1$, et la suite des trois fonctions pourra être représentée par

$$X_\lambda, \; X_{\lambda+1}, \; X_{\lambda+2}.$$

Supposons que le premier terme de X_λ et celui de $X_{\lambda+2}$ soient de signes contraires, le premier positif, par exemple, et le second négatif, et concevons qu'au lieu de x on y ait mis successivement — ∞ et + ∞. On obtiendra cette suite de signes

Nombres substitués.	X_λ	$X_{\lambda+1}$	$X_{\lambda+2}$
— ∞	+	±	—
+ ∞	+	∓	—

On voit qu'il y a par la première substitution permanence et variation, ou bien variation et permanence, et par la seconde, dans un ordre inverse, variation et permanence, ou permanence et variation. Concluons de là que toutes les fois que le polynôme X sera d'un degré pair, et que dans la suite X les fonctions de rang pair seront alternativement précédées du signe + et du signe — aucune variation ne pourra disparaître de — ∞ à + ∞, ou que le polynôme X n'aura que des racines imaginaires.

11. Nous allons, dans ce qui suit, éclaircir et vérifier par quelques applications numériques les principes généraux qui viennent d'être exposés.

Commençons d'abord par un exemple fort simple, et proposons-nous de déterminer la nature des racines de l'équation suivante :

$$x^3 - 7x + 7 = 0.$$

Entrons dans quelques détails qui ne nous seront pas inutiles dans la suite sur la manière d'effectuer les opérations.

Ici l'on a

$$X = x^3 - 7x + 7$$
$$X_1 = 3x^2 - 7.$$

Il faut d'abord diviser X par X_1. Mais pour rendre cette division praticable il est nécessaire, attendu qu'il y a deux termes à faire disparaître dans le dividende, de multiplier celui-ci par la seconde puissance du coefficient 3 du premier terme du diviseur. Il faudra donc opérer comme il suit :

PREMIÈRE OPÉRATION.

Dividende.				Diviseur.

3^2	$x^3 \;-\; 3^2 \cdot 7$	$x^2 + 3^2 \cdot 7$	$3\,x^2 \;-\; 7$
$-\; 3^2$	$+\; 3 \cdot 7$		$3\,x$
0	$-\; 3 \cdot 7\,(3 - 1)$	$+\; 3^2 \cdot 7$	

Ainsi le reste de la première opération sera

$$-\; 3 \cdot 7\;(3 - 1)\;x + 3^2 \cdot 7.$$

Le facteur numérique $3 \cdot 7$ étant commun à tous les termes, il faudra le supprimer, et, après avoir changé le signe du reste, nous aurons

$$X_2 = 2\,x - 3.$$

Divisons actuellement X_1 par X_2, ou $3\,x^2 - 7$ par $2\,x - 3$ et, puisqu'il y a dans le dividende deux termes à faire disparaître, multiplions-le encore par la seconde puissance du coefficient 2 du premier terme du diviseur. Puis opérons comme l'indique le tableau suivant,

DEUXIÈME OPÉRATION.

Dividende.				Diviseur.

$2^2 \cdot 3$	$x^2 + 0$	$x - 2^3 \cdot 7$	$2\,x - 3$
$-\; 2^2 \cdot 3$	$+\; 18$		$6\,x + 9$
0	$+\; 18$	$-\; 2^2 \cdot 7$	
	$-\; 18$	$+\; 3 \cdot 9$	
	0	$-\; 1$	

Nous serons conduits à ce reste $-\; 1$.

Donc $\qquad X^3 = + 1.$

Donc, on a cette suite de fonctions

$$X = x^3 - 7x + 7.$$
$$X_1 = 3x^2 - 7.$$
$$X_2 = 2x - 3.$$
$$X_3 = 1.$$

12 Les opérations qu'il faut faire pour calculer les fonctions successives de la suite X, assez faciles dans l'exemple particulier que nous venons de traiter, conduisent bientôt, pour le peu que le degré de l'équation s'élève et que les coefficients soient moins simples, à des calculs excessivement compliqués et fastidieux. Pour en diminuer, autant que possible, la difficulté et l'aridité, nous allons substituer à la marche que nous venons de suivre un procédé plus simple et plus rapide.

Remarquons d'abord que, par la loi de la dérivation des fonctions, le polynôme X_1 est toujours d'un degré moindre d'une unité que le polynôme X; puis ensuite qu'en général dans la suite X le degré des fonctions successives s'abaisse d'une unité d'une fonction à la fonction qui suit. Il y a donc dans chaque division deux termes du dividende à faire disparaître. D'où on doit conclure qu'il doit exister entre les coefficients de chaque reste et ceux du dividende et du diviseur correspondant une relation constante qui, si elle était connue, donnerait directement à partir de X_2 les coefficients de chaque fonction au moyen de ceux des deux fonctions qui la précèdent immédiatement. C'est cette relation constante que nous allons chercher et appliquer ensuite.

Soient deux polynômes fonctions de x et de nombres, le premier du degré m et le second du degré $m - 1$. Représentons-les comme il suit :

$$(1) \qquad A_0 x^m + A_1 x^{m-1} + A_2 x^{m-2} + A_3 x^{m-3} + \text{etc.}$$
$$(2) \qquad B_0 x^{m-1} + B_1 x^{m-2} + B_2 x^{m-3} + B_3 x^{m-4} + \text{etc.}$$

Divisons le premier par le second. Le reste sera du degré $m - 2$. Il y aura alors deux termes à faire disparaître dans le dividende. Pour n'avoir point de coefficients fractionnaires au quotient et au reste, multiplions le polynôme (1) par B_0^2, l'opération se fera alors comme il suit :

6

$B_0^2 A_0$	x^m	$+B_0^2 A_1$	x^{m-1}	$+ B_0^2 A_2$	x^{m-2}	$+ B_0^2 A_3$	$x^{m-3}+$etc	$B_0 x^{m-1}+B_1 x^{m-2}+B_2 x^{m-3}+B_3$
$-B_0^2 A_0$		$-B_0 A_0 B_1$		$- B_0 A_0 B_2$		$- B_0 A_0 B_3$		
								$B_0 A_0 x + A_1 B_0 - A_0$
0	$B_0 (A_1 B_0 - A_0 B_1)$	$-B_1 (A_1 B_0 - A_0 B_1)$		$-B_2 (A_1 B_0 - A_0 B_1)$				
	$-B_0 (A_1 B_0 - A_0 B_1)$							
	0							

Le reste sera donc

$$[B_0^2 A_2 - B_0 A_0 B_2 - B_1 (A_1 B_0 - A_0 B_1)] x^{m-2} + [B_0^2 A_3 - B_0 A_0 B_3 - B_2 (A_1 B_0 - A_0 B_1)] x^{m}$$

Représentons-le par

$$C_0 \; x^{m-2} + C_1 \; x^{m-2} + C_2 \; x^{m-3} + \text{etc.}$$

Si pour abréger nous faisons

$$M_1 = B_0^2.$$
$$M_2 = B_0 A_0.$$
$$M_2 = A_1 B_0 - A_0 B_1.$$

Nous aurons pour déterminer les coefficients successifs C_0, C_1, C_2, etc., les relations suivantes :

$$C_0 = M_1 \; A_2 - M_2 \; B_2 - M_3 \; B_1.$$
$$C_1 = M_1 \; A_3 - M_2 \; B_3 - M_3 \; B_2.$$
$$C_2 = M_1 \; A_4 - M_2 \; B_4 - M_3 \; B_3.$$

Faisons l'application de ces formules, dont nous ferons par la suite un usage continuel, à l'exemple déjà traité plus haut.

Soit donc
$$X = x^3 - 7x + 7.$$
$$X_1 = 3x^2 - 7.$$

Ces deux polynômes étant incomplets ayons soin de remplacer par zéro les coefficients des puissances de x qui manquent : ou écrivons ainsi qu'il suit les deux polynômes :

$$X = x^3 + 0 \cdot x^2 - 7x + 7.$$
$$X_1 = 3x^2 + 0 \cdot x - 7.$$

Puis disposons les coefficients au-dessous les uns des autres comme il suit :

$$
\begin{array}{cccc}
+1 & 0 & -7 & +7 \\
+3 & 0 & -7 & 0
\end{array}
$$

A partir de la troisième ligne verticale, écrivons le coefficient supérieur avec son signe. Ecrivons ensuite au-dessous le coefficient inférieur pris en signe contraire et au-dessous de celui-ci encore avec un signe contraire le coefficient qui le précède immédiatement, ou qui est à sa gauche dans la seconde ligne. Nous aurons le tableau suivant :

$$
\begin{array}{c|c}
-7 & +7 \\
+7 & 0 \\
0 & +7
\end{array}
$$

Dans le cas actuel

$$M_1 = 3^2.$$
$$M_2 = 3.$$
$$M_3 = 0.$$

Alors en multipliant tous les nombres de la première ligne du tableau par 3^2, ceux de la seconde par 3 et ceux de la troisième par zéro, nous formerons le tableau suivant :

$$
\begin{array}{c|c}
-7 \times 3^2. & +7 \times 3^2. \\
+7 \times 3. & 0 \times 3. \\
0 \times 0. & +7 \times 0.
\end{array}
$$

Omettant les termes égaux à zéro et remarquant de plus que 3×7, ou 21 est un facteur commun qui peut être partout supprimé, nous trouverons — 2 pour le premier coefficient et + 3 pour le second. Donc, en changeant le signe du reste, l'on aura

$$X_2 = 2\,x - 3.$$

Pour trouver le reste suivant opérons de la manière qui vient d'être indiqué. Nous aurons ce tableau de coefficients

$$
\begin{array}{cccc}
+3. & 0. & - & 7. \\
+2. & & -3. & 0.
\end{array}
$$

D'où il suit que le coefficient unique à calculer sera d'après la loi démontrée.

$$
\begin{array}{c}
-7 \times 4. \\
+0 \times 6. \\
+3 \times 9.
\end{array}
$$

Nombre égal à — 28 + 27, ou égal à — 1.
D'onc

$$X_3 = 1.$$

Donc la suite X est, comme on l'a trouvé précédemment par la méthode ordinaire,

$$X = x^3 - 7x + 7.$$
$$X_1 = 3x^2 - 7.$$
$$X_2 = 2x - 3.$$
$$X_3 = 1.$$

Quelques applications nouvelles nous ferons mieux apprécier la rapidité de cette méthode et son utilité.

Soit pour second exemple l'équation

$$x^3 - 3x^2 + 6x + 1 = 0.$$

Le polynôme dérivé sera

$$3x^2 - 6x + 6.$$

Supprimons le facteur numérique 3, commun à tous ses termes, comme inutile, il viendra

$$x^2 - 2x + 2.$$

Ainsi les deux premières fonctions sont

$$X = x^3 - 3x^2 + 6x + 1.$$
$$X_1 = x^2 - 2x + 2.$$

Disposons les coefficients de ces deux polynômes ainsi qu'il suit :

1	— 3	+ 6	+ 1.
1	— 2	+ 2	0.

Pour calculer les coefficients de la fonction X_2 nous disposerons les coefficients précédents à partir du troisième comme il suit :

+ 6.	+ 1.
— 2.	0.
+ 2.	— 2.

Ou bien, changeant partout le signe, pour n'avoir plus à changer le signe du résultat, nous aurons :

— 6.	— 1.
+ 2.	0.
— 2.	+ 2.

Ici l'on a

$$M_1 = 1.$$
$$M_2 = 1.$$
$$M_3 = -1.$$

Nous formerons donc le tableau suivant :

$$- 6 \times 1. \qquad\qquad - 1 \times 1.$$
$$+ 2 \times 1. \qquad\qquad 0 \times 1.$$
$$- 2 \times - 1. \qquad\qquad + 2 \times - 1.$$

Effectuant les calculs, on trouve que les coefficients sont $- 2$ et $- 3$.

Donc $\qquad\qquad\qquad X_2 = - 2\,x - 3.$

Dans l'opération suivante nous changerons le signe du diviseur, ce qui n'altère en rien le signe du reste. Alors les coefficients à considérer seront

$$+ 1 \qquad\qquad - 2 \qquad\qquad + 2$$
$$+ 2 \qquad\qquad + 3 \qquad\qquad 0$$

Or, dans ce cas $\qquad\qquad M_1 = 4.$
$$M_2 = 2.$$
$$M_3 = - 7.$$

Donc le coefficient unique sera

$$- 2 \times 4.$$
$$ 0 \times 2.$$
$$+ 3 \times - 7.$$

Ou sera $\qquad\qquad\qquad - 29.$

La suite X sera donc composée des fonctions suivantes :

$$X = x^3 - 3\,x^2 + 6\,x + 1.$$
$$X_1 = x^2 - 2\,x + 2.$$
$$X_2 = - 2\,x - 3.$$
$$X_3 = - 29.$$

3e Exemple.

$$x^4 - 2\,x^3 + 5\,x^2 - 4\,x + 1 = 0.$$

Le polynôme dérivé, divisé par 2, sera

$$2\,x^3 - 3\,x^2 + 5\,x - 2.$$

Ou les deux premières fonctions seront

$$X = x^4 - 2\,x^3 + 5\,x^2 - 4\,x + 1.$$
$$X_1 = 2\,x^3 - 3\,x^2 + 5\,x - 2.$$

L'on aura donc à considérer les coefficients

$$+ 1 \qquad - 2 \qquad + 5 \qquad - 4 \qquad + 1$$
$$+ 2 \qquad - 3 \qquad + 5 \qquad - 2 \qquad 0$$

7

Ici
$$M_1 = 2^2 = 4.$$
$$M_2 = 2 \times 1 = 2.$$
$$M_3 = -4 + 3 = -1.$$

Donc les coefficients de X_2 se trouveront par le tableau suivant.

	-5×4 $+5 \times 2$ -3×-1	$+4 \times 4$ -2×2 $+5 \times -1$	-1×4 0×2 -2×-1
Résultats...	$-7.$	$+7.$	$-2.$

Donc
$$X_2 = -7\,x^2 + 7\,x - 2.$$

Changeons le signe du diviseur et nous aurons à considérer ces deux suites de coefficients

$$+2 \qquad -3 \qquad +5 \qquad -2$$
$$+7 \qquad -7 \qquad +2 \qquad 0$$

Or,
$$M_1 = 7 \times 7.$$
$$M_2 = 7 \times 2.$$
$$M_3 = -3 \times 7 + 2 \times 7 = -7.$$

L'on formera donc le tableau

$-5 \times 7 \times 7.$ $+2 \times 2 \times 7.$ $-7 \times -7.$	$+2 \times 7 \times 7.$ $0 \times 2 \times 7.$ $+2 \times -7.$

Le facteur numérique **7** est commun évidemment aux deux coefficients et peut être supprimé. Il viendra après — 24 pour la valeur du premier et + 12 pour la valeur du second. Divisant encore ces deux nombres par **12**, il viendra enfin

$$X_3 = -2\,x + 1.$$

Changeant encore le signe du diviseur, l'on aura à considérer ces deux suites

$$-7 \qquad +7 \qquad -2$$
$$+2 \qquad -1 \qquad 0$$

Et le coefficient unique à calculer sera

$$+ 2 \times 4$$
$$0 \times - 14$$
$$- 1 \times 7$$

Ou sera égal à **1**.

Donc la suite des fonctions sera

$$X = x^4 - 2 x^3 + 5 x^2 - 4 x + 1.$$
$$X_1 = 2 x^3 - 3 x^2 + 5 x - 2.$$
$$X_3 = - 7 x^2 + 7 x - 2.$$
$$X_4 = - 2 x + 1.$$
$$X_4 = + 1.$$

4ᵉ EXEMPLE.

$$x^5 + 5 x^3 - 10 x^2 + 5 x - 1 = 0.$$

L'on aura

$$X = x^5 + 5 x^3 - 10 x^2 + 5 x - 1,$$
$$X_1 = x^4 + 3 x^2 - 4 x + 1 \cdot$$

Les coefficients a considérer seront

+ 1	0	+ 5	— 10	+ 5	— 1
+ 1	0	+ 3	— 4	+ 1	0

Or,

$$M_1 = 1.$$
$$M_2 = 1.$$
$$M_3 = 0.$$

On formera donc le tableau suivant.

	— 5 × 1	+ 10 × 1	— 5 × 1	+ 1 × 1
	+ 3 × 1	— 4 × 1	+ 1 × 1	0 × 1
	0 × 0	+ 3 × 0	— 4 × 0	+ 1 × 0
RÉSULTATS...	— 2	+ 6	— 4	+ 1

Donc

$$X_2 = - 2 x^3 + 6 x^2 - 4 x + 1.$$

Les coefficients à considérer seront ensuite

+ 1	0	+ 3	— 4	+ 1
+ 2	— 6	+ 4	— 1	0

Puis

$$M_1 = 4.$$
$$M_2 = 2.$$
$$M_3 = 6.$$

Alors les coefficients de X_3 seront donnés par le tableau suivant.

	-3×4	4×4	-1×4
	$+4 \times 2$	-1×2	0×2
	-6×6	$+4 \times 6$	-1×6
RÉSULTATS...	$-40.$	$+38.$	-10

En les divisant par 2, l'on aura

$$X_3 = -20\, x^2 + 19\, x - 5.$$

L'on a ensuite ces coefficients :

$$\begin{array}{cccc} -\ 2 & +\ 6 & -\ 4 & +\ 1. \\ +\ 20 & -\ 19 & +\ 5 & 0. \end{array}$$

Dans ce cas

$$M_1 = 20 \times 20.$$
$$M_2 = -2 \times 20.$$
$$M_2 = 20 \times 6 - 2 \times 19.$$

Ces multiplicateurs sont tous divisibles par 2 et, en effectuant cette division, ils se réduiront aux suivants :

$$M_1 = 10 \times 20.$$
$$M_2 = -20.$$
$$M_3 = 41.$$

On aura donc ce tableau.

	$4 \times 10 \times 20$	$-1 \times 10 \times 20$
	5×-20	0×-20
	-19×41	$+5 \times 41$
RÉSULTATS...	$-79.$	$+5.$

Donc

$$X_4 = -79\, x + 5.$$

Enfin le coefficient unique de la dernière fonction sera d'après la même loi

$$5 \times 79^2 - 5\,(79 \times 19 - 20 \times 5) = 24200.$$

Donc la suite X sera

$$X = x^5 + 5\,x^3 - 10\,x^2 + 5\,x - 1$$
$$X_1 = x^4 + 3\,x^2 - 4\,x + 1$$
$$X_2 = -2\,x^3 + 6\,x^2 - 4\,x + 1$$
$$X_3 = -20\,x^2 + 19\,x - 5$$
$$X_4 = -79\,x + 5$$
$$X_5 = 24220.$$

13. Nous allons maintenant appliquer cette méthode aux équations générales du 3e et du 4e degrés, et chercher à saisir, s'il se peut, les caractères généraux auxquels on peut reconnaître au moyen des coefficients de ces équations la nature de leurs racines.

L'équation générale et complète du 3e degré étant

$$x^3 + p\,x^2 + q\,x + r = 0.$$

Les deux premières fonctions seront

$$X = x^3 + p\,x^2 + q\,x + r.$$
$$X_1 = 3\,x^2 + 2p\,x + q.$$

On formera donc ce premier tableau.

1	p	q	r
3	$2p$	q	0

D'ailleurs

$$M_1 = 3^2.$$
$$M_2 = 3.$$
$$M_3 = 3p - 2p = p.$$

D'où on conclura que les coefficients cherchés sont

C_0	C_1
$- q \times 3^2$	$- r \times 3^2$
$q \times 3$	0×3
$2\,p \times p$	$q \times p$

8

En réduisant, on trouve que

$$C_0 = 2 \, (p^2 - 3 \, q)$$
$$C_1 = pq - 9 \, r$$

Donc
$$X_2 = 2 \, (p^2 - 3 \, q) \, x + p \, q - 9 \, r.$$

Alors les coefficients des deux polynômes X_1 et X_2 étant écrits comme il suit :

$$
\begin{array}{ccc}
3 & 2 \, p & q \\
2 \, (p^2 - 3 \, q) & p \, q - 9 \, r & 0.
\end{array}
$$

Comme de plus
$$M_1 = 4 \, (p^2 - 3 \, q)^2.$$
$$M_2 = 6 \, (p^2 - 3 \, q).$$
$$M_3 = 4 \, p \, (p^2 - 3 \, q) - 3 \, (pq - 9 \, r).$$

On en conclura que le coefficient unique à calculer, ou que la dernière fonction est

$$X_3 = (p \, q - 9 \, r) \times \{ \, 4 \, p \, (p^2 - 3 \, q) - 3 \, (p \, q - 9 \, r) \, \} - 4 \, q \, (p^2 - 3 \, q)^2.$$

De sorte que la suite X se compose des fonctions suivantes :

$$X = x^3 + p \, x^2 + q \, x + r.$$
$$X_1 = 3 \, x^2 + 2 \, p \, x + q.$$
$$X_2 = 2 \, (p^2 - 3 \, q) \, x + p \, q - 9 \, r.$$
$$X_3 = (pq - 9 \, r) \times \{ \, 4 \, p \, (p^2 - 3 \, q) - 3 \, (pq - 9 \, r) \, \} - 4 \, q \, (p^2 - 3 \, q)^2.$$

En développant cette dernière fonction l'on aurait

$$X_3 = - (36 \, p^3 \, r - 9 \, p^2 \, q^2 - 162 \, pqr + 36 \, q^3 + 243 \, r^2).$$

On sait qu'on peut toujours faire disparaître le second terme d'une équation : que cela revient à augmenter, ou à diminuer toutes les racines d'une certaine quantité convenable. On pourra donc dans la suite précédente faire $p = 0$. Les résultats seraient plus simples et l'on aurait alors, en supprimant les facteurs inutiles, cette seconde suite :

$$X = x^3 + q \, x + r.$$
$$X_1 = 3 \, x^2 + q.$$
$$X_2 = - (2 \, q \, x + 3 \, r).$$
$$X_3 = - (4 \, q^3 + 27 \, r^2).$$

C'est celle qu'on obtiendrait directement au moyen de l'équation

$$x^3 + q\,x + r = 0$$

Nous préférons néanmoins discuter ici la première comme la plus directe et par cela même la plus utile.

La théorie générale nous a appris que, pour que toutes les racines d'une équation fussent réelles, il était nécessaire, et qu'il suffisait que le coefficient du premier terme de chacune des fonctions de la suite X fut positif. Cette condition étant remplie ici pour les deux premières fonctions, il suffira donc que le coefficient $p^2 — 3\,q$ et la fonction X_3 soient positifs, ou que l'on ait à la fois

$$p^2 — 3\ q > 0 \text{ et } (pq—9\,r)\ \{\ 4\ q\ (p^2—3\ q) — 3\ (pq—9\ r)\ \}—2\ q\ (p^2—3\ q)^2 > 0$$

Quand cela aura lieu, nous avons vu que toutes les fonctions de la suite X ne devaient avoir que des racines réelles. Or cela est évident ici pour le polynôme X_2 qui est du premier degré. D'ailleurs X_3 est un nombre et, en égalant X_1 à zéro, l'on aura

$$3\ x^2 + 2\ p\ x + q = 0.$$

D'où il suit que

$$x^2 + \tfrac{2}{3}\ p\ x = — \tfrac{q}{3}.$$

Résolvons cette équation, il vient

$$x = \tfrac{1}{3}\ (\ — p \pm \sqrt{\,p^2 — 3\ q\,}\ ).$$

Mais par hypothèse $p^2 — 3\ q > 0$. Donc les deux racines de X sont réelles. Elles comprennent entre elles une des trois racines de X; l'une de deux autres racines de ce dernier polynôme étant plus petite que la plus petite des deux valeurs que nous venons de trouver, et l'autre au contraire surpassant la plus grande.

Si $p^2 = 3\ q$, alors les deux racines de X_1 sont égales; et si de plus l'on avait $p\,q — 9\,r = 0$, alors la fonction X_2 serait égale a zéro. Le polynôme X_1 étant dans ce cas diviseur exact de X, celui-ci serait un cube. Quand avec la condition $p^2 — 3\ q = 0$ l'on a en même temps $p q — 9\ r \gtrless 0$, alors X_2 est un nombre et la fonction X_3 n'existe plus. La suite X est alors incomplète et le nombre des variations moindre que le degré de l'équation. Il y a donc nécessairement deux racines imaginaires. Quand $p^2 — 3\ q < 0$, alors le polynôme X_1 a ses racines imaginaires et reste positif quelque valeur que l'on donne à x. Le premier terme de X_2 est négatif et le polynôme X_3 l'est aussi. Nous allons vérifier tous ces principes par des exemples.

14. Soit d'abord l'équation

$$x^3 - 6x^2 + 9x - 1 = 0.$$

Nous aurons cette suite de fonctions x :

$$X = x^3 - 6x^2 + 9x - 1.$$
$$X_1 = x^2 - 4x + 3.$$
$$X_2 = 2x - 5.$$
$$X_3 = 3.$$

Le premier terme de chaque fonction étant positif, les trois racines sont réelles, et puisque d'ailleurs dans X la suite des signes n'offre que des variations, les trois racines sont positives. Si l'on fait $X_1 = 0$, ou si l'on résoud l'équation

$$x^2 - 4x + 3 = 0,$$

L'on a $\qquad x = 2 \pm \sqrt{4 - 3},$

Ou $\qquad x = 2 \pm 1.$

Ou bien enfin, en nommant x' et x'' les deux racines trouvées,

$$x' = 3 \text{ et } x'' = 1.$$

Donc une des racines de X, la plus petite, est comprise entre 0 et 1 ; la seconde est comprise entre 1 et 3 et la troisième est plus grande que 3. Pour avoir la limite supérieure de cette dernière racine, posons l'inégalité

$$x^3 + 9x > 6x^2 + 1. \qquad (1)$$

D'où l'on tire celle-ci

$$x + \frac{9}{x} > 6 + \frac{1}{x^2}. \qquad (2)$$

Faisant $x = 4$, elle devient

$$4 + \tfrac{9}{4} > 6 + \tfrac{1}{16}.$$

Ou

$$6 + \tfrac{1}{4} > 6 + \tfrac{1}{16}. \qquad (3)$$

L'inégalité (2) est donc satisfaite ; elle le serait évidemment à plus forte raison pour toute valeur de x plus grande. Donc la racine cherchée tombe entre 3 et 4 et l'inégalité (3) fait voir qu'elle est beaucoup plus voisine de 4 que de 3.

Quant à la racine intermédiaire, qui tombe entre 1 et 3, pour en avoir des limites plus resserrées, ayons recours au polynôme X_2 et égalons-le à zéro. Nous aurons

$$2x - 5 = 0.$$

D'où

$$x = \frac{5}{2} = 2,5.$$

Or 2,5 substitué dans X le rend négatif; ce qui fait voir que ce nombre est plus grand que la racine cherchée. 2,4 donne encore un résultat négatif. Mais 2,3 en donne un positif. Donc la racine cherchée tombe entre ces deux derniers nombres. Nous sommes donc parvenus à déterminer à moins d'une unité près la valeur de chaque racine. L'on en trouvera des valeurs plus approchées par les méthodes connues.

2ᵉ Exemple.

$$x^3 - x^2 + 2x + 1 = 0.$$

L'on a pour la suite X les fonctions suivantes :

$$\begin{aligned}
X &= \quad x^3 - x^2 + 2x + 1. \\
X_1 &= \quad 3x^2 - 2x + 2. \\
X_2 &= -10x - 11. \\
X_3 &= -57.
\end{aligned}$$

Le coefficient du premier terme de X_2 est négatif. Donc X_1 n'a que des racines imaginaires. Donc deux racines de X le sont aussi. Une seule est donc réelle. De plus elle est négative, puisque le dernier terme de X est positif. Elle est de même signe que celle du polynôme X_2. Elle est comprise entre cette dernière dont la valeur est — 1,1 et 0.

Prenons la moyenne entre ces deux nombres. Nous trouverons — 0,5. Ce nombre et — 0,4, substitués successivement dans X, donnent des résultats négatifs. Ils sont par conséquent inférieurs à la racine cherchée. Mais $x = -0,3$ donne un résultat positif. Donc la racine unique est — 0,4 à moins d'un dixième d'unité près.

3ᵉ Exemple.

Soit l'équation $\quad x^3 - x^2 + 2x - 1 = 0.$

On aura

$$\begin{aligned}
X &= x^3 - x^2 + 2x - 1. \\
X_1 &= 3x^2 - 2x + 2. \\
X_2 &= \quad -10x + 7. \\
X_3 &= \quad -207.
\end{aligned}$$

Puisque le premier terme de X_2 est négatif, les racines de X_1 sont imaginaires. X n'a donc qu'une seule racine réelle et elle est positive, puisque le dernier terme de l'équation est négatif. Pour en trouver une valeur approchée faisons $X_2 = 0$,

Ou bien $10\,x - 7 = 0.$

Cela donnera $x = 0,7.$

Prenons la moyenne entre 0 et 0,7, nous aurons 0,3. Ce nombre et 0,4, substitué dans X, donnent des résultats négatifs; ils sont donc inférieurs à la racine cherchée. Mais 0,5 donne un résultat positif. Donc 0,4 est à moins d'un dixième d'unité près la racine cherchée.

4ᵉ EXEMPLE.

$$X = x^3 - 6\,x^2 + 1\,2\,x - 1$$
$$X_1 = x^2 - 4\,x + 4$$
$$X_2 = \qquad - 7$$

Ici la suite X est incomplète, la troisième fonction étant un nombre : ce qui indique l'existence de racines imaginaires.

Faisons $X_1 = 0.$

Et résolvons l'équation

$$x^2 - 4\,x + 4 = 0$$

Elle donne

$$x = 2 \pm \sqrt{4 - 4}$$

Ou $x = 2$

Les deux racines sont égales. Si X_2 était égal à zéro, le polynôme X_1 serait diviseur exact de X, ou celui-ci serait le cube de $x - 2$. Mais l'équation donnée peut se mettre sous la forme

$$x^3 - 6\,x^2 + 12\,x - 8 + 7 = 0$$

Qui équivaut à celle-ci

$$(x - 2)^3 + 7 = 0$$

Faisons $x = 2 + y$

et l'équation précédente se change en

$$y^3 + 5 = 0$$

D'où il suit que $y = \sqrt[3]{-7} = -1,912931.$

Donc $x = 2 - 1,912931$

Ou $x = \qquad 0,087068.$

5ᵉ EXEMPLE.

$$X = x^3 + 15\,x^2 + 75\,x + 12$$
$$X_1 = x^2 + 10\,x + 25$$
$$X_2 = 113.$$

Le polynôme a encore deux racines imaginaires et une racine réelle négative, puisque le dernier terme est positif. Faisons $X_1 = 0$ et posons l'équation

$$x^2 + 10\,x + 25 = 0$$

Alors $$x = -5 \pm \sqrt{25 - 25}$$

Ou $$x = -5$$

L'équation primitive équivaut donc à celle-ci

$$(x + 5)^3 - 113 = 0$$

Et faisons $x = -5 + y$ il vient

$$y^3 = 113$$

Donc $$y = \sqrt[3]{113} = 4{,}834589$$

Par suite $$X = -0{,}165411.$$

15. L'équation la plus générale du 4e degré

est $$x^4 + px^3 + qx^2 + rx + 5 = 0$$

La suite X sera

$$X = x^4 + p\,x^3 + q\,x^2 + rx + 5.$$
$$X_1 = 4\,x^3 + 3\,px^2 + 2\,q + r.$$
$$X_2 = (3\,p^2 - 8q)\,x^2 + 2\,(pq - 6\,r)\,x + pr - 16\,s.$$
$$X_3 = [4\,(pr - 16\,s)(3\,p^2 - 8\,q) + 2\,(pq - 6\,r)(9\,p^3 - 32\,pq + 48\,r)$$
$$- 2q\,(3\,p^2 - 8q)^2]\,x.$$
$$+ (pr - 16\,s)\,(9\,p^3 - 32\,pq + 48\,r)\,r - (3\,p^2 - 8q)^2.$$

Nommons M et N les deux coefficients qui viennent d'être trouvés,

Ou faisons $$X_3 = M\,x + N.$$

Et nous aurons ensuite

$$X_4 = N\,\{\,2\,(pq - 6\,r)\,M - (3\,p^2 - 8q)\,N\,\} - (pr - 16\,s)\,M^2.$$

On voit par ces formules que, dès le 4e degré, les relations entre les coefficients des fonctions successives et ceux du polynôme primitif se compliquent singulièrement et l'on conçoit qu'il devient difficile alors de former, d'après ces relations seules, des équations qui satisfassent à des conditions de réalités données. Nous nous contenterons donc de rappeler que, d'après la théorie générale, pour que l'équation du quatrième degré ait toutes ses racines réelles, il faut et il suffit que le coefficient du premier terme de chaque fonction soit positif. Si $3\,p^2 - 8\,q$ coefficient du premier terme de X_2 étant positif, X_4 était négatif, le polynôme X aurait deux racines réelles et deux imaginaires. Elles seraient toutes quatre imaginaires, si $3\,p^2 - 8\,q$ étant négatif, X_4 était positif.

16. Nous allons vérifier tous ces principes sur des exemples particuliers.

1er EXEMPLE. Soit à résoudre l'équation

$$x^4 + x^3 - 15\,x^2 - 19\,x - 3 = 0$$

La suite X sera

$$X = x^4 + x^3 - 15\,x^2 - 19\,x - 3$$
$$X_1 = 4\,x^3 + 3\,x^2 - 30\,x - 19$$
$$X_2 = 123\,x^2 + 196\,x + 29$$
$$X_3 = 193399\,x + 137958$$
$$X_4 = 2851068313059.$$

Elle fait connaître à l'inspection des signes dont les premiers termes sont précédés que toutes les racines du polynôme X sont réelles. De plus, par la règle de DESCARTES, on voit de suite qu'elle n'a qu'une racine positive. Pour trouver les limites de celle-ci, posons l'inégalité,

$$x^4 + x^3 > 15\,x^2 + 19\,x + 3.$$

D'où on déduit celle-ci

$$x + 1 > \frac{15}{x} + \frac{19}{x^2} + \frac{3}{x^3}$$

En y faisant successivement

$$x = 3, \qquad x = 4,$$

L'on obtient par la première substitution

$$3 + 1 < 5 + \text{etc.}$$

Et par la seconde

$$4 + 1 > \tfrac{15}{4} + \tfrac{19}{16} + \tfrac{3}{64}.$$

Ou

$$5 > 4\,\tfrac{63}{64}$$

Les deux membres de cette inégalité étant presque égaux, il faut en conclure que la racine positive cherchée est plus petite que 4 mais fort peu différente de 4 et les méthodes d'approximation usitées feront bientôt reconnaître qu'elle est comprise entre 3,99 et 4.

Pour trouver les trois racines négatives, dans la suite X changeons $+ x$ en $- x$. Appelons suite V la suite nouvelle qui en résulte.

Nous aurons

$$V = x^4 - x^3 - 15x^2 + 19x - 3.$$
$$V_1 = 4x^3 - 4x^2 - 30x + 19.$$
$$V_2 = 123x^2 - 196x + 29.$$
$$V_3 = 193399x - 137958.$$
$$V_4 = 2851068313059.$$

Les racines positives de cette seconde suite prises en signe contraire seront les racines négatives de la première. Pour trouver la limite supérieure des racines de V posons l'inégalité.

$$x^4 + 19x > x^3 + 15x^2 + 3.$$

Ou celle-ci

$$x + \frac{19}{x^2} > 1 + \frac{15}{x} + \frac{3}{x^3}.$$

On reconnaîtra aisément qu'elle est satisfaite en faisant $x = 4$. De plus, à mesure que x augmente, à partir de cette valeur 4, le premier membre augmente et le second diminue. Donc 4 est une limite supérieure des racines positives de V. En substituant dans la suite V tous les nombres entiers depuis 0 jusqu'à 4 inclusivement, les signes des résultats seront ceux du tableau suivant :

Nombres substitués.	FONCTIONS.				
	V	V_1	V_2	V_3	V_4
0	—	+	+	—	+
1	+	—	—	+	+
2	—	—	+	+	+
3	—	+	+	+	+
4	+	+	+	+	+

Ce tableau fait connaître entre quels nombres entiers tombent les racines, non-seulement du polynôme V, mais encore celles des polynômes V_1, V_2, V_3 et, en calculant toutes ces racines avec deux décimales, on en formera le tableau suivant:

10

Nombres substitués.	FONCTIONS.				
	X	X_1	X_2	X_3	X_4
Limite supérieure.	+	+	+	+	+
+ 4	+				
+ 3,99	—				
+ 2,70		+			
+ 2,69		—			
— 0,16			+		
— 0,17			—		
— 0,18	—				
— 0,19	+				
— 0,61		—			
— 0,62		+			
— 0,71				+	
— 0,72				—	
— 1,09	+				
— 1,10	—				
— 1,42			—		
— 1,43			+		
— 2,98		+			
— 2,99		—			
— 3,72	—				
— 3,73	+				
Limite inférieure.	+	—	+	—	+

Ce tableau indique combien de fois chaque polynôme de la suite X change de signe et fait connaître ses racines. Il vérifie tout ce que nous avions avancé dans la théorie sur le nombre et la grandeur de ces racines.

2e Exemple.

Soit à résoudre l'équation

$$x^4 - 4x^3 + 3x^2 + 2x - 3 = 0.$$

La suite X sera

$$X = x^4 - 4x^3 + 3x^2 + 2x - 3.$$
$$X_1 = 2x^3 - 6x^2 + 3x + 1.$$
$$X_2 = 3x^2 - 6x + 5.$$
$$X_3 = x - 1.$$
$$X_4 = - 2.$$

Il est évident d'abord que, dans le passage de $+\infty$ à $-\infty$, la variation qui existe entre X_2 et X_4, ne pourra pas disparaître. Donc il y a deux racines imaginaires et deux racines réelles, l'une positive et l'autre-négative puisque le dernier terme du polynôme X est négatif. C'est ce qui est encore confirmé par le tableau suivant :

Nombres substitués.	FONCTIONS.				
	X	X_1	X_2	X_3	X_4
$-\infty$	$+$	$-$	$+$	$-$	$-$
0	$-$	$+$	$+$	$-$	$-$
$+\infty$	$+$	$+$	$+$	$+$	$-$

-1 substitué à x dans X donne un résultat positif et 0 donne un résultat négatif. La racine négative est donc comprise entre -1 et 0 et l'on trouvera bientôt par les méthodes d'approximation connues qu'elle est comprise entre $-0,83$ qui donne un résultat positif et $-0,82$ qui donne un résultat négatif.

Pour avoir une limite des racines positives, on posera l'inégalité

$$x^4 + 3x^2 + 2x > 4x^3 + 3.$$

D'où on déduira celle-ci

$$x + \frac{3}{x} + \frac{2}{x^2} > 4 + \frac{3}{x^3}.$$

2 n'y satisfait point, car

$$2 + \tfrac{3}{2} + \tfrac{2}{4} < 4 + \tfrac{3}{8}.$$

Mais 3 y satisfait, car

$$3 + 1 + \tfrac{2}{9} > 4 + \tfrac{1}{9}.$$

Cette inégalité fait voir en même temps que 3 diffère peu de la racine cherchée et elle est en effet comprise entre 2,85 qui donne un résultat négatif et 2,86 qui donne un résultat positif.

Cherchons quelles sont encore dans le cas actuel les racines des polynômes X_1, X_2, X_3. Celle de ce dernier est l'unité. Les racines du polynôme X_2 sont imaginaires. Pour reconnaître quelles sont les racines du polynôme X_1, faisons sur ce polynôme les mêmes opérations que sur le polynôme primitif et nommons V la suite des fonctions qui en résultent. Nous aurons

$$V = 2x^3 - 6x^2 + 3x + 1.$$
$$V_1 = 2x^2 - 4x + 1.$$
$$V_2 = x - 1.$$
$$V_3 = 1.$$

On aperçoit sur-le-champ par le signe dont chaque fonction est ici précédé que le polynôme X_1 a ses trois racines réelles et la suite des signes du polynôme lui même indique de plus qu'une de ses racines est négative et que les deux autres sont positives. En outre il est facile de reconnaître à l'inspection de ses coefficients que 1 est une racine. Alors divisant X_1 par $x - 1$ et égalant le quotient à zéro, il vient

$$2x^2 - 4x + 1 = 0.$$

En résolvant cette équation, l'on trouve 2,2497 pour la plus grande des deux racines et — 0,2497 pour la plus petite. On voit que les deux racines extrêmes du polynôme X comprennent entre elles toutes les racines du polynôme dérivé X_1, comme les deux racines de celui-ci comprennent la racine unique du polynôme X_3.

3e EXEMPLE.

Soit à résoudre l'équation

$$x^4 - 2x^3 + 4x^2 - 2x + 2 = 0.$$

L'on aura

$$X = x^4 - 2x^3 + 4x^2 - 2x + 2.$$
$$X_1 = 2x^3 - 3x^2 + 4x - 1.$$
$$X_2 = - 5x^2 + 2x - 7.$$
$$X_3 = - 2x - 13.$$
$$X_4 = 925.$$

Les fonctions de degrés pairs ayant leurs premiers termes alternativement positifs et négatifs l'équation proposée n'a que des racines imaginaires. Cherchons combien le polynôme X_1 a de racines réelles. Pour cela formons la suite

$$V = 2x^3 - 3x^2 + 4x - 1.$$
$$V_1 = 3x^2 - 3x + 2.$$
$$V_2 = - 5x + 1.$$
$$V_3 = - 38.$$

Elle fait connaître que X_1 n'a qu'une seule racine réelle. Quant au polynôme X_2, il est facile de voir que ses racines sont imaginaires.

La même méthode appliquée à des équations d'un degré supérieur au quatrième et n'ayant que des racines inégales ferait connaître de même le nombre et la nature de ces racines.

17 Passons maintenant au cas où l'équation proposée, que nous supposerons toujours délivrée de toute racine commensurable, aurait des racines égales. M. STURM, par des considérations fort ingénieuses, prouve que, même dans cette hypothèse, son théorème n'a pas cessé d'être vrai et qu'il est encore applicable. Quelque intéressante que soit sa démonstration nous ne la rapporterons pas, parce que nous n'aurons pas besoin d'en faire usage. Il nous paraît préférable d'adopter la marche suivante qui nous semble la plus expéditive et la plus simple et qui d'ailleurs se présente d'elle-même.

Soit proposé de trouver les racines de l'équation

$$x^6 - 7\,x^4 + 4\,x^3 + 7\,x^2 - 2\,x - 2 = 0.$$

La suite X sera

$$
\begin{aligned}
X   &= \quad\ \ x^6 - \quad\ 7\,x^4 + \ 4\,x^3 + 7\,x^2 - 2\,x - 2. \\
X_1 &= 3\ \ x^5 - 14\,x^3 + \ 6\,x^2 + 7\,x - 1. \\
X_2 &= 7\ \ x^4 - \quad 6\,x^3 - 14\,x^2 + 5\,x + 6. \\
X_3 &= 284\ x^3 - 441\,x^2 - 127\,x + 157. \\
X_4 &= \quad\ \ x^2 - \quad\ \ x - 1. \\
X_5 &= \quad 0.
\end{aligned}
$$

On a donc trouvé ici une fonction X_4 divisant exactement la fonction X_3 qui la précède immédiatement. Donc cette fonction X_4 est le plus grand commun diviseur des deux polynômes X et X_1. Car toute la différence qui existe entre les opérations qu'il faut exécuter sur le polynôme primitif et sur son dérivé, d'après la méthode de M. STURM, pour déterminer la suite X et celles que l'on doit faire sur ces mêmes polynômes pour trouver leur plus grand commun diviseur, consiste uniquement à changer dans les premières les signes des restes qu'on obtient par les secondes avant de prendre ces restes pour diviseurs : ce qui n'altère point les valeurs des restes successifs et ne fait que changer le signe de quelques-uns d'entre eux. Les deux premières fonctions, comme nous venons de le dire, ont donc pour commun diviseur X_4. Donc les racines simples de X_4 sont des racines doubles de X. Or celui-ci n'a par hypothèse que des racines incommensurables. Donc X_4 ne peut en avoir que de cette espèce. Donc celles de ce dernier sont nécessairement inégales. Donc le polynôme X est divisible par $(X_4)^2$. En effet la division réussit et le quo-

11

tient $x^2 + 2x — 2$ égalé à zéro donnera les racines simples de X. L'on voit par
là que la recherche des racines de l'équation

$$x^6 — 7x^4 + 4x^3 + 7x^2 — 2x — 2 = 0$$

est ramenée à celle des racines des deux équations du second degré

$$x^2 — x — 1 = 0$$
$$x^2 + 2x — 2 = 0$$

bien plus simples et plus faciles à résoudre que l'équation proposée.

Pour second exemple, soit

$$X = (x^2 — x — 1)^3 \times (x^2 — 3x + 1)^2 (x^3 — 3x + 1) = 0.$$

Cette équation développée serait du 13e degré. Le polynôme X_1 serait donc
du 12e. Le polynôme X et le polynôme X_1 auraient un diviseur commun qui
serait

$$(x^2 — x — 1)^2 (x^2 — 3x + 1).$$

C'est-à-dire que ce diviseur serait du 6e degré. Ce serait la 8e fonction de la
suite X, ou X_7. La fonction suivante serait nulle d'elle même. Cette dernière cir-
constance ferait connaître que le polynôme X a des racines égales. Mais le polynôme
X_7, diviseur exact dans ce cas de X et de X_1, peut avoir lui-même des racines egales.
Pour s'en assurer, on formerait son dérivé et l'on opérerait sur les deux fonctions nouvelles comme sur les deux fonctions primitives. On trouverait alors pour dernière fonction
de la seconde suite le polynôme $x^2 — 2x — 1$. Il faudrait en conclure que les racines de
$x^2 — 2x — 1$ sont doubles dans X_1 et triples dans X. Alors divisant X_7 par
$(x^2 — x — 1)^2$ le quotient serait $x^2 — 3x + 1$. Ses racines seraient doubles
dans X et divisant ensuite X lui-même successivement par $(x^2 — x — 1)^3$ et
par $(x^2 — 3x — 1)^2$, ou ce qui est la même chose par leur produit, le quotient $x^3 — 3x + 1$ égalé à zéro donnerait les racines qui sont simples dans l'é-
quation primitive.

On voit donc que la recherche des racines de l'équation donnée serait ramenée
à celle beaucoup plus simple des racines des trois équations

$$x^2 — x — 1 = 0.$$
$$x^2 — 3x + 1 = 0.$$
$$x^3 — 3x + 1 = 0.$$

La première donnerait les racines triples de la proposée, la seconde les racines
doubles et la troisième ses racines simples. Mais la marche précédente, facile en appa-
rence et, qui, sous le rapport théorique, n'offre rien à désirer est de fait *inexécutable*

dans l'exemple choisi, à cause de la longueur des calculs, quoique cet exemple soit en ce genre un des plus simples possibles et, pour qu'il ne reste aucun doute à cet égard, proposons-nous seulement d'appliquer la méthode de M. Sturm à la recherche des racines du polynôme suivant

$$x^6 + x^5 - x^4 - x^3 + x^2 - x + 1,$$

Qui, comme on le voit, n'est que du 6e degré, tandis que l'équation précédente est du 13e, et dont les coefficients sont les plus petits possibles, puisqu'ils sont tous égaux à l'unité.

La suite X sera

$$X = x^6 + x^5 - x^4 - x^3 + x^2 - x + 1.$$
$$X_1 = 6\,x^5 + 5\,x^4 - 4\,x^3 - 3\,x^2 + 2\,x - 1.$$
$$X_2 = 11\,x^4 + 14\,x^3 - 33\,x^2 + 31\,x - 37.$$
$$X_3 = -1050\,x^3 + 1683\,x^2 - 1731\,x + 597.$$
$$X_4 = -10200643\,x^2 - 37927049\,x + 58788113.$$
$$X_5 = 2971279748993533\,x - 3412517994900350020.$$
$$X_6 = N.$$

Ce dernier coefficient que nous avons désigné par N étant fort grand on peut se dispenser de le calculer complètement. Il suffit d'en déterminer le signe, puisque c'est évidemment la seule chose qu'il importe ici de connaître pour compléter la série des signes dont les fonctions peuvent être affectées.

Voyons donc comment on pourrait y parvenir plus promptement que par le calcul ordinaire qui serait par trop fastidieux.

Les coefficients des polynômes X_4 et X_5 qui précèdent X_6 étant

pour le premier   — 10200643   — 37927049   + 58788113

pour le second   + 297...533   — 341...020   0

On doit avoir d'après la loi générale démontrée

$$N = -58788113 \times (297\ldots533)^2 - 341\ldots020 \times$$
$$\{ -37927049 \times (297\ldots533) - 10200643\,(341\ldots020) \}$$

On voit de suite que le premier terme de la valeur de N est négatif et que le second est positif. Il ne reste plus qu'à déterminer lequel des deux termes est le plus grand. Bornons le nombre 297127...533 aux trois premiers chiffres, ce qui donne 297 et faisons le carré de ce nombre. Calculons le seulement à moins d'une centaine près. Nous trouverons 882. Bornons de même 58...113 aux trois premiers chiffres et calculons le produit de ce nombre, ainsi réduit à 587, par le carré trouvé plus haut 882, encore à moins d'une centaine près. Nous trouverons pour ce produit 5177. Mais le nombre 297,..533 a 19 chiffres et son carré en a 37. Le produit de ce carré par 587...13 aura 45 chiffres. Cherchons de même la valeur du multiplicateur M_2 écrit entre les deux grandes parenthèses. Le produit de 297 par 379, à moins d'une centaine près, sera 1126. Celui de 102 par 341, calculé de même, sera 347. Ajoutons ces deux produits qui expriment des unités du même ordre. La somme sera 1473. Il faut la multiplier par 341...020 pour avoir le second terme, ou le terme positif de N. Bornons le nombre 341...020 à 341 et cherchons avec l'approximation précédente le produit de 1473 par 341. Nous trouverons 5023. Mais la première somme 1473 doit être suivie de 23 chiffres et le nombre 341 suivi de 16 chiffres. Donc le produit de 1745 par 341 devrait être suivi de 39 chiffres. Mais ce produit est 502300 à moins d'une centaine près. Donc le produit complet aurait 45 chiffres. Ainsi les deux termes de N sont exprimés par le même nombre de chiffres et leurs unités supérieures sont en conséquence du même ordre. Mais le premier résultat trouvé 5177 est plus grand que le second 5023. Donc N est négatif et sa valeur absolue n'est pas moindre que la différence 154 de ces deux nombres suivie de 41 zéros. Le signe de N étant ainsi déterminé, il faudra en conclure que l'équation proposée n'a que des racines imaginaires.

S'il y avait une fonction de plus à calculer, le carré de ce coefficient N deviendrait d'après la loi générale multiplicateur d'un coefficient de la fonction qui précède lequel n'a pas moins de 19 chiffres. On voit par là avec quelle rapidité s'accroissent ces coefficients d'une fonction à la fonction suivante. C'est cette considération qui m'a fait renoncer à chercher la suite X pour l'équation du 13e degré qu'il fallait résoudre dans la question précédente et qui m'a fait regarder le calcul à exécuter comme impraticable.

Ainsi la méthode de M. Sturm ne pourra guère s'appliquer qu'à des équations du 4e degré : encore pour ce degré même les derniers coefficients seront-ils fort longs à calculer quand les coefficients de l'équation à résoudre ne seront pas de très-petits nombres. Mais passé ce degré ils seront presque toujours incalculables.

Cette difficulté est la même que celle que l'on rencontre pour former l'équation aux carrés des différences et en effet elle tient aux mêmes causes. Car, des deux méthodes connues pour calculer cette équation, la plus simple et la plus rapide est encore celle qui repose sur l'élimination, ou sur la recherche du plus grand commun diviseur de deux polynômes. Or celle-ci conduit bientôt, pour le peu que le degré de polynômes et leurs coefficients s'accroissent, aux calculs les plus compliqués, puisqu'ils s'exécutent de la même manière que ceux que nous venons de faire et, à peu-près, d'après les mêmes lois, et c'est de là que vient l'impuissance des deux méthodes à résoudre les équations d'un degré plus élevé.

Le théorême de M. STURM n'en est pas moins fort remarquable par sa simplicité et par ses nombreuses et importantes conséquences. Malheureusement, comme beaucoup d'autres belles propriétés trouvées précédemment par les grands géomètres qui ont le plus éclairé et illustré la science, il restera à peu-près stérile dans ses applications. Il n'aura, comme je viens de le prouver par des exemples, fait faire encore que de faibles progrès à la résolution effective des équations numériques d'un degré supérieur au 4e.

Cela n'ôte rien toutefois au mérite de M. STURM. On peut échouer avec honneur contre un obstacle que LAGRANGE lui-même n'a pu surmonter. Personne, je crois, ne sera plus heureux que lui ; car je crains bien que cette question ne soit toujours rebelle à nos efforts.

En effet les opérations de notre esprit ne sont point instantanées, mais nécessairement successives de leur nature. Il ne nous a point été donné de tout voir d'une seule vue : nous ne serions plus hommes. Ce n'est qu'en comparant les idées particulières entre elles, en cherchant à saisir les rapports communs qui les unissent et les embrassent, que notre intelligence peut s'élever par degrés jusques à la connaissance de ces vérités générales, d'où découlent ensuite, par combinaisons et par la force logique, les conséquences les plus variées et les plus étendues. Mais ces vérités, dans leurs applications numériques et en quelque sorte individuelles, ont leurs bornes. Dès-lors que nous voulons distinguer et compter tous les résultats possibles, leur multitude confond nos idées et les rend indécises. Notre esprit est fini et limité. Le nombre et le temps, qui ne le sont pas, lui échapperont toujours.

FIN.

TABLEAU (B).

FONCTIONS.	X	X_1	X_2	X_3	X_4	X_5	X_6
DEGRÉS.	$2n+1$	$2n$	$2n-1$	$2n-2$	$2n-3$	$2n-4$	$2n-5$
α_1 .	—	+					
. r_1	0	+					
ℓ_1 .	+	+	—				
. γ_1	+	0	—				
α_2 .	+	—	—	+			
. r_2	0	—	"	+			
β_2 .	—	—	+	+			
. γ_2	—	0	+				
α_3 .	—	+	+				
. r_3	0	+					
ℓ_3 .	+	+					

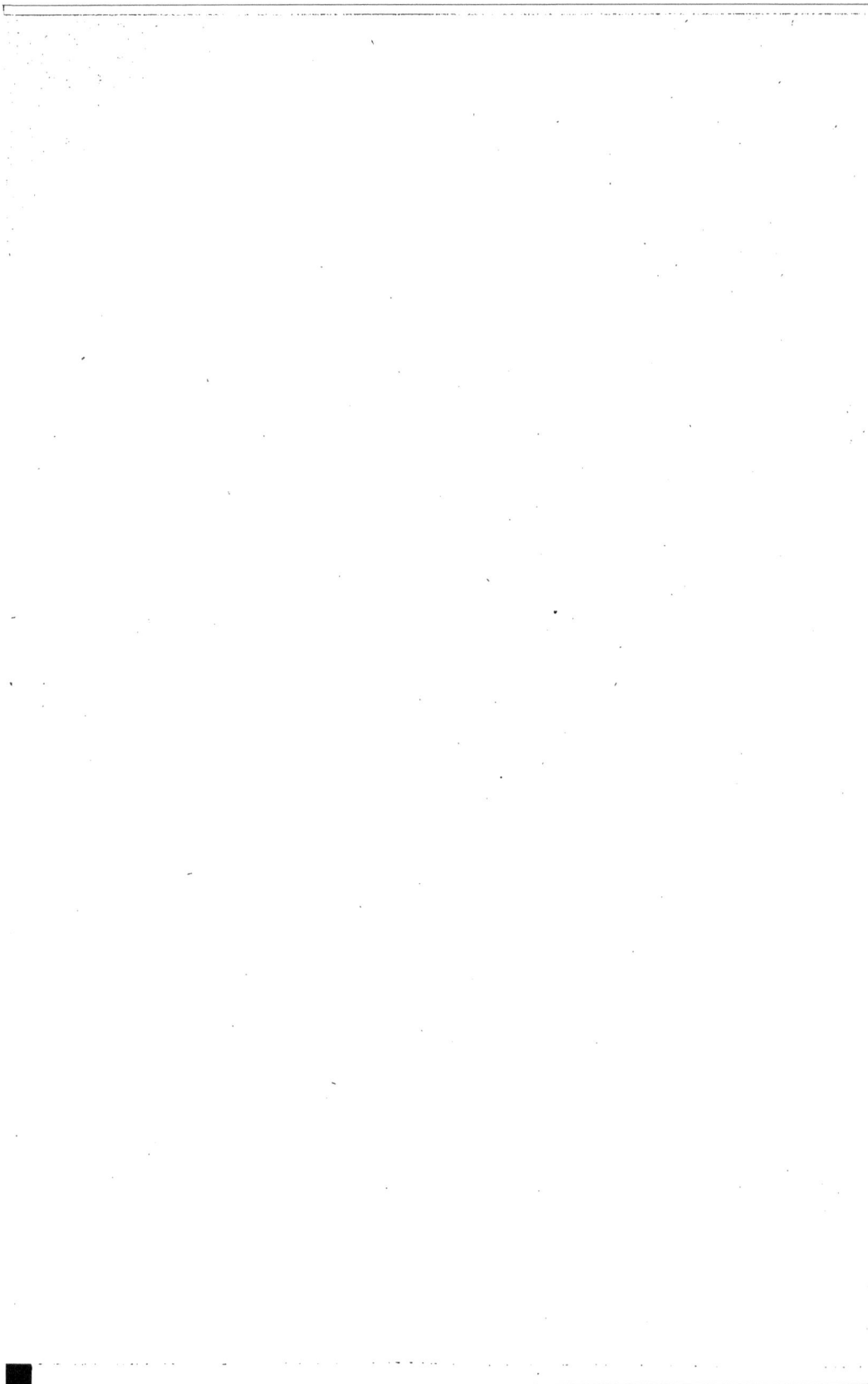

FONCTIONS.	X	X_1	X_2	X_3	X_4	X_5	X_6	X_7	X_8
DEGRÉS.	$2n$	$2n-1$	$2n-2$	$2n-3$	$2n-4$	$2n-5$	$2n-6$	$2n-7$	$2n-8$
α^1	+	−							
r^1	0	−							
β_1	−	−	+						
$)_1$	−	0	+						
α_2	−	+	+	−					
r_2	0	+	»	−					
β_2	+	+	−	−	+				
$)_2$	+	0	−	»	+				
α_3	+	−	−	+	+	−			
r_3	0	−	»	+	»	−			
β_3	−	−	+	+	−	−	+		
$)_3$	−	0	+	»	−	»	+		
α_4	−	+	+	−	−	+	+		
r_4	0	+	»	−	»	+			
β_4	+	+	−	−	+	+			
$)_4$	+	0	−	»	−				
α_5	+	−	−	+	+				
r_5	0	−	»	+					
β_5	−	−	+	+					
$)_5$	−	0	+						
α_6	−	+	+						
r_6	0	+							
β_6	+	+							

On trouve chez les mêmes Libraires un ouvrage récent du même
Auteur, ayant pour titre :

DE QUELQUES

PROPRIÉTÉS DES NOMBRES

ET DES

FRACTIONS DÉCIMALES

PÉRIODIQUES.

PRIX 2 FRANCS.

NANTES, IMPRIMERIE DE FOREST.

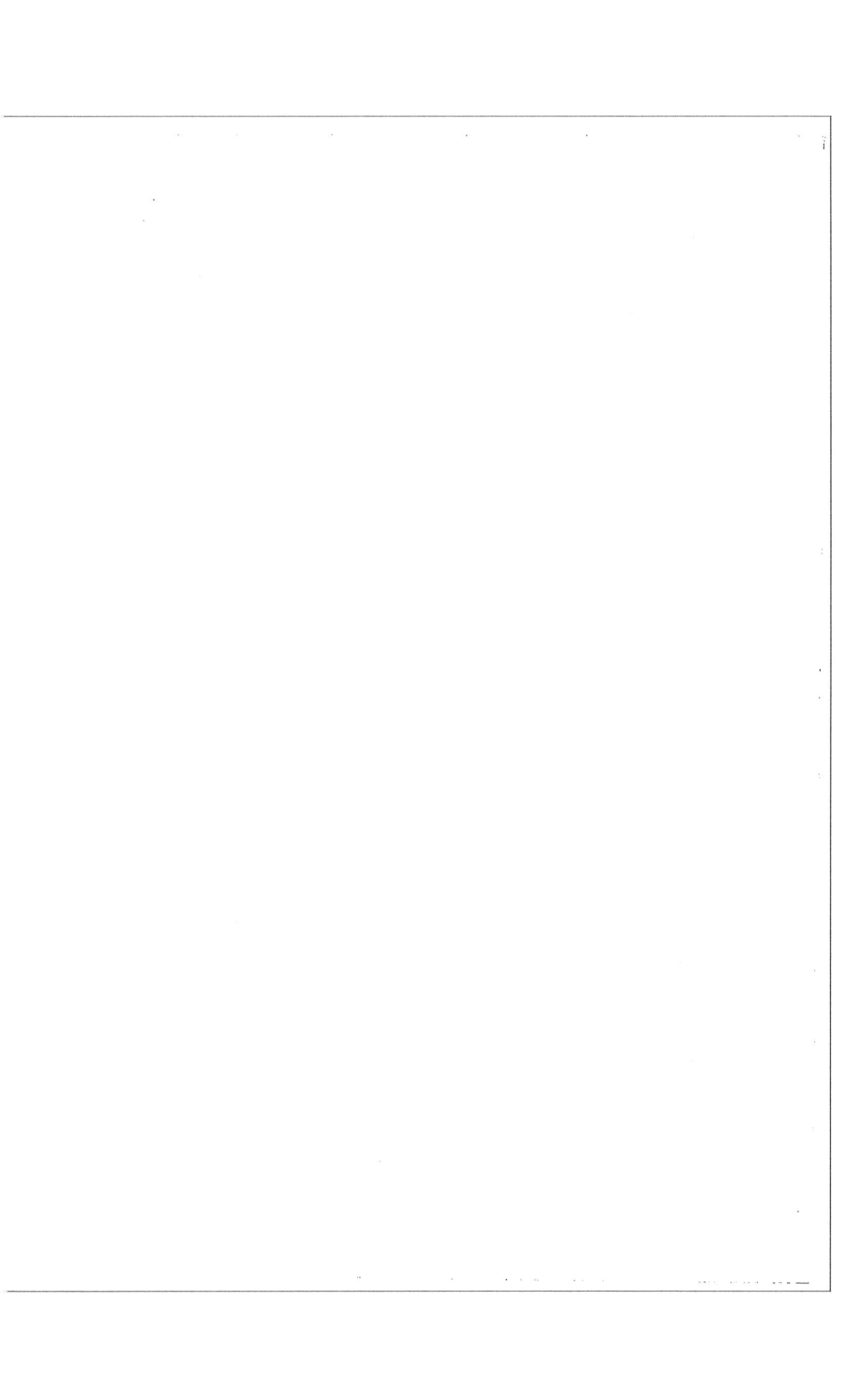

www.ingramcontent.com/pod-product-compliance
Lightning Source LLC
Chambersburg PA
CBHW050534210326
41520CB00012B/2570